美搭宝典

女性穿搭速查手册

旋旋　魏欣然　庞艳军　著

杭州形象家科技有限公司　策划

江苏人民出版社

图书在版编目（CIP）数据

女性穿搭速查手册 / 旋旋, 魏欣然, 庞艳军著.
南京：江苏人民出版社, 2025. 7. -- ISBN 978-7-214
-30685-2

Ⅰ. TS976.4-62

中国国家版本馆CIP数据核字第2025Q7J975号

书　　　名	女性穿搭速查手册	
著　　　者	旋　旋　魏欣然　庞艳军	
项 目 策 划	凤凰空间 / 翟永梅	
责 任 编 辑	刘　焱	
装 帧 设 计	张僅宜	
特 约 编 辑	翟永梅	
出 版 发 行	江苏人民出版社	
出 版 社 地 址	南京市湖南路1号A楼，邮编：210009	
总 经 销	天津凤凰空间文化传媒有限公司	
总 经 销 网 址	http://www.ifengspace.cn	
印　　　刷	雅迪云印（天津）科技有限公司	
开　　　本	710 mm×1 000 mm　1/16	
字　　　数	116千字	
印　　　张	14.5	
版　　　次	2025年7月第1版　2025年7月第1次印刷	
标 准 书 号	ISBN 978-7-214-30685-2	
定　　　价	88.00元	

（江苏人民出版社图书凡印装错误可向承印厂调换）

遇见不同的她——
我眼中的旋旋

在我看来，这个世界鲜少存在所谓的 "天才"，然而在某些特定领域，却不乏奇才涌现，形象家的旋旋老师便是这样一位在形象塑造领域熠熠生辉的奇才。她宛如一位拥有魔法的艺术家，集服装设计、手工制作等多项技能于一身，从衣服、包包到鞋子、配饰，无一不能亲手打造。作为她的挚友，我有幸见证了她创作的每一个瞬间，感受到了她逻辑思维的缜密。对她而言，创作和工作并非辛苦的劳作，反而乐在其中。

旋旋老师为爱美用户创立的形象家，不仅拥有品类齐全的服装搭配空间，满足人们对各种风格的追求；还有发型、妆容的综合打造空间，能为每一位来访者量身定制专属形象。无论你原本的模样如何，旋旋老师都能在这里施展她的 "魔法"，将平凡变为非凡。她在 "人物风格专属服装" 搭配方面的造诣堪称一绝，像一位神奇的 "易容师"，总能让顾客在焕然一新中收获惊喜。8 年来，她带领团队服务了全球 19 个国家的顾客，通过线上线下的方式，帮助 10 万余人实现了美丽蜕变。但令人意想不到的是，这位美学奇才在人情世故方面却如同一个不谙世事的孩子。她想哭就哭、想笑就笑，洒脱不羁，内心的那份纯粹与专注，是如此珍贵，或许这正是我们在人生旅途中苦苦追寻的本真状态。

这本《女性穿搭速查手册》，是旋旋团队继《一看就懂穿搭术》后的又一匠心之作。它便捷实用，宛如一本贴心的时尚速查 "衣典"。只需翻开目录，就能快速找到适合不同季节、不同风格的穿搭灵感；拍摄书中图片，即能在购物网站轻松搜到同款服饰。

衷心希望这本书能成为每一位爱美女士的得力助手，助力大家实现变美的梦想。

庞艳军

2025 年 7 月

我的时尚蜕变之旅——穿搭，使我重塑人生

　　我出生在贫困家庭，小时候，父母带着我和哥哥背井离乡去外地打工。一家人挤在父亲搭的简易房里，每逢下雨，屋内便会渗漏，得准备五六个桶接雨；刮台风时，村长还要紧急将我们转移到别处。那时的我，穿的几乎是邻居送的旧衣服，邋遢、破旧成了我的标签。上学后，同学们干净漂亮，而我却因形象不佳备受排挤。他们会聚在一起嘲笑我又脏又丑，甚至有一次，就因同学们看不顺眼我，放学后跟了我一路，从背后揍了我一路，我也哭了一路。

　　课堂上的一次经历，更是深深刺痛了我。那堂课上，我满心期待地高高举起小手，眼睛特亮地期待老师叫我，老师却当着全班同学的面大声斥责："你怎么这么脏！"那一刻，我像被施了定身咒，缓缓放下手，此后再也不敢轻易举起。几十年过去了，当时的情景我还记得。即便后来家里条件逐渐好转，可自卑的种子早已在我心底生根发芽。从小学到大学，我始终活在形象不佳的阴影里。151厘米的身高，龅牙，又黑又黄，这些外貌特征让我越发自卑。越自卑越想改变，于是去买大降价的衣服和夸张的"恨天高"鞋子，色彩鲜艳、款式浮夸的穿搭，自以为好看的打扮，让我看起来更加怪异，这又成了别人嘲笑我的新理由。

　　原以为毕业了，一切都会好起来，结果社会更残酷。毕业后我进入一家服装公司，可刚入职就因形象问题饱受冷眼。老板娘对我一脸不屑，同事们也肆意嘲笑，甚至直接质问我："你是怎么想不开来做服装设计的？"为了改变形象，我狠心拿出一半的工资买了一件自认为好看的衣服，满心欢喜地穿到公司，却换来同事一句"这是地摊货吧"！日复一日的嘲讽让我几近崩溃，那段时间，失眠、长痘成了常态，甚至开始抑郁。

　　但也正是这种痛苦的处境，让我彻底下定决心改变形象。于是，我开始每天起早贪黑钻研时尚杂志，学习穿搭技巧。还去整牙、摘掉眼镜，报名学习化妆课程。就这样过了一年半，周围的氛围悄然发生了变化。老板娘破天荒地主

动和我说话，更让我惊喜的是，有一天老板娘竟指定我当试款模特，还公开表扬我进步大，从那以后似乎周围愿意和我说话的人多了起来。曾经那个被嘲笑"丑"的我，终于在外表和心理上完成了一次华丽蜕变。这段经历让我深深明白，穿搭不仅是外在的修饰，更是一种与外界沟通的无声语言，不得不说，形象好就是可以很直白地赢得他人的尊重。

后来，凭借优秀的形象与能力，我成功入职一家著名服装品牌的供应商公司。在那里，我不仅深入学习服装设计知识，还精修形象和仪态管理课程。而后又到了更大的平台，与时尚界顶尖人物合作，参加世界各地的时装秀和国际潮流发布会，这些经历让我更加时尚也更具实力。曾经自卑的丑小鸭，终于成长为一名充满自信、内外兼修的专业服装设计师。

回顾这一路走来的蜕变，我深切感受到形象的强大力量。它从改变外在开始，逐渐延伸到内心，帮助我建立自信，一步步实现人生逆袭。也正是形象给我带来的自信与好运气，让我有了一个梦想，就是帮助和曾经的我一样因形象而备受冷落的人，他们不是不优秀，不是不努力，仅仅因为形象不够好就被忽视，这是一件让人很难过的事。于是在事业巅峰期，我不顾所有人阻挠，果断辞职，作了一名形象师，去帮助更多需要改变形象的人。从 2016 年公司创办到现在，我已带领团队累计帮助 19 个国家共计 10 万名左右的客户变美、变自信。客户的喜悦与感谢，成了我乐此不疲的动力，我想，这条路，我会走一辈子。

这本书凝聚了我多年来参看大量客户样本凝练出的对穿搭的理解与总结，我想告诉每一个正在迷茫的人：不要因身高、身材、容貌而自卑，高品质的穿搭能为你带来意想不到的改变。相信我，当你勇敢迈出第一步，不仅形象会焕然一新，整个人生也将变得更加灿烂美好。

旋旋

2025 年 7 月

前言
开启你的风格觉醒之旅

当你翻开这本书时，或许正面临着许多女性共同的困扰：清晨站在衣橱前的纠结，重要场合反复试装的焦虑，或是明明拥有满柜衣物却总觉"无衣可穿"的无奈。我们深谙这种看似琐碎却切实影响心情的问题。穿搭本是创造美的艺术，不该成为消耗能量的负担。本书的诞生，正是为了帮你破解这一困扰。它通过方法论与美学原理的结合，为您搭建起一个可终身受用的穿衣体系。

全书分两部分，第一部分，我们将女性在职场、社交、休闲等场景中的穿搭归纳为四大核心风格——女王风（权威力量感）、女神风（典雅仪式感）、自在风（自然松弛感）、女孩风（灵动元气感）。针对每种风格，详细介绍其适用的色彩、面料与穿搭技巧，并按季节提供丰富的单品和搭配实例展示，以直观的方式助力你快速掌握不同风格的穿搭技巧。

第二部分，在服装搭配的基础上，进一步拓展到整体形象塑造。引入影视造型中的"角色塑造思维"，从妆容到发型，每个细节都为打造完整、契合角色特质的形象服务。最后一章，我们还将探讨视错觉原理在穿搭上的应用，帮助你巧妙扬长避短，从此不再为自身先天条件不足而烦恼。

我们希望这本书不仅是一本穿搭手册，更是一本探索个人风格的指南，助你在不同季节、不同场合快速整理衣橱，完成理想搭配。

由于篇幅有限，书中无法涵盖所有细分场合与风格角色，但希望你能以书中原理为基础，结合实际情况灵活运用。未来，我们也期待与更多爱美女性共同探讨穿搭之道。愿你每一天的着装选择，都能成为一次对理想自我的温柔奔赴。

著者

2025 年 7 月

目录

第一部分　解锁多元风格魅力，掌握四季穿搭秘籍

第 1 章
探秘女性多元角色风格

一、这些场合，你就是女王 002

二、这些场合，你就是女神 002

三、你还可以是自在的自己 003

四、你也可以是女孩 003

第 2 章
四种风格塑造攻略

一、女王风塑造攻略 004

（一）女王风服饰常用色彩和面料 004

（二）女王风穿搭技巧 006

二、女神风塑造攻略 008

（一）女神风服饰常用色彩和面料 008

（二）女神风穿搭技巧 010

三、自在风塑造攻略 012

（一）自在风服饰常用色彩和面料 012

（二）自在风穿搭技巧 013

四、女孩风塑造攻略 014

（一）女孩风服饰常用色彩和面料 014

（二）女孩风穿搭技巧 016

第3章
四季穿搭灵感库，轻松打造专属风

一、春季穿搭：邂逅轻盈生机   018

（一）春季女王风穿搭：演绎成熟优雅   019

（二）春季女神风穿搭：营造浪漫氛围   028

（三）春季自在风穿搭：释放阳光活力   041

（四）春季女孩风穿搭：尽显甜美轻盈   054

二、夏季穿搭：拥抱清爽与靓丽   064

（一）夏季女王风穿搭：展现大气从容   064

（二）夏季女神风穿搭：绽放柔美浪漫   071

（三）夏季自在风穿搭：追求简单利落   085

（四）夏季女孩风穿搭：激发无穷创意   094

三、秋季穿搭：彰显沉稳深度   104

（一）秋季女王风穿搭：尽显深邃成熟   105

（二）秋季女神风穿搭：营造柔情诗意   114

（三）秋季自在风穿搭：展现舒朗个性   128

（四）秋季女孩风穿搭：演绎甜美温暖   139

四、冬季穿搭：平衡温度与风度   149

（一）冬季女王风穿搭：彰显高贵优雅   150

（二）冬季女神风穿搭：邂逅优雅浪漫   158

（三）冬季自在风穿搭：拥抱随性舒适   171

（四）冬季女孩风穿搭：绽放青春活力   183

第二部分　整体形象塑造，巧借视错觉扬长避短

第4章

破解四种风格妆容与发型，绽放独特吸引力

一、女王风妆容与发型打造　　　　　　　198

（一）女王风妆容打造　　　　　　　　199

（二）女王风发型打造　　　　　　　　202

二、女神风妆容与发型打造　　　　　　　202

（一）女神风妆容打造　　　　　　　　202

（二）女神风发型打造　　　　　　　　205

三、自在风妆容与发型打造　　　　　　　205

（一）自在风妆容打造　　　　　　　　205

（二）自在风发型打造　　　　　　　　209

四、女孩风妆容与发型打造　　　　　　　209

（一）女孩风妆容打造　　　　　　　　209

（二）女孩风发型打造　　　　　　　　212

第 5 章

巧用视错觉，解锁十种穿搭障眼法

一、运用视错觉，塑造高挑纤瘦身形   213

（一）光渗错觉：深浅搭配的显瘦秘籍   213

（二）缪勒·莱尔错觉：Ｖ形设计的显瘦、显高魔法   214

（三）艾宾浩斯错觉：打造小脸、细腰的穿搭技巧   215

（四）菲克错觉：纵向连贯的显高法则   216

（五）认知负荷理论：避免膨胀感的穿搭要点   217

二、借助视错觉，妙用衣物显美隐瑕   218

（一）赫尔姆霍兹错觉：条纹选择的学问   218

（二）咖啡店错觉：让胸部看起来更加丰满的穿搭秘诀   219

（三）鲁宾花瓶错觉：利用对比和镂空设计优化身形   220

（四）蓬佐错觉：伞裙与风衣的巧妙运用   220

（五）凯尼泽错觉：露出纤细部位更显瘦   221

第一部分

解锁多元风格魅力，掌握四季穿搭秘籍

第1章 探秘女性多元角色风格

人生如同一座绚丽多彩的大舞台，我们在不同场合中扮演着不同角色，以百变的形象应对生活的方方面面。此时，穿搭不仅是个人审美品位的直观体现，更是内心力量的外在彰显。接下来，让我们一起了解生活中常见的四种风格特点，轻松搞定不同场合穿搭。

一、这些场合，你就是女王

在职场中，作为团队的领导者，一套合身的女王风服饰能为你增添令人信服的气场；站在演讲台上，一条合体的西装裙或流线型连衣裙，不仅能吸引观众目光，更能增强你的自信心；重要谈判会议上，选择深蓝、黑色或高级灰等冷静且有质感的配色，让你气场十足，轻松把握谈判主动权；在短视频领域，一身精致考究的"女王装"，能帮你通过镜头展现"我说了算"的强大气场。

女王风穿搭的关键在于突显力量感与专业性，通过利落的剪裁、硬朗的轮廓和高品质面料，传递出一种不容置疑的掌控感。但女王风并非千篇一律的严肃刻板，细节处的个性化设计能为整体造型增加美感。一件剪裁独特的外套、一双设计感满满的高跟鞋，或是一枚极具辨识度的金属饰品，都是女王气场的绝佳点缀。

二、这些场合，你就是女神

当需要展现女性柔美、优雅的魅力时，女神风无疑是最佳选择，这种风格能让你自然而然地散发出迷人的女人味儿：出席正式晚宴时，一条露背拖地的鱼尾礼服，将你的典雅韵味展现得淋漓尽致；约会时，一件性感又不失分寸的连衣裙，恰到好处地吸引对方目光；参加派对时，温暖的红色、浪漫的紫色或富有光泽感的金色服饰，可使你成为全场焦点。

女神风穿搭的核心在于突出曲线与质感，同时注重细节处理。妆容、发型与配饰要与整体穿搭相得益彰，精致的珍珠项链、雅致的耳坠和一双高跟鞋，能助你在不经意间展现令人难忘的风姿。女神风并非局限于"性感"，更强调一种内外兼修的高级美，是对自我美感的高度认同与欣赏。

三、你还可以是自在的自己

当你不想再扮演气场强大的女王，也不愿时刻保持完美无瑕的女神形象，只想放松片刻、回归最自然本真的自我时，自在风穿搭便是上乘之选。这种风格打破性别界限，以宽松舒适的着装为主，让你在身体和心理上都能获得自由与放松，仿佛所有压力和束缚都烟消云散。

阳光明媚的周末，穿上简约而不失格调的牛仔裤，搭配舒适的 T 恤衫和小白鞋，漫步在森林小径或湖边，享受内心的宁静与满足；结束一天繁重工作回到家中，宽大柔软的家居服是最好的慰藉。自在风穿搭代表着一种敢于做真实自己、不被任何标签束缚的生活态度。

四、你也可以是女孩

无论你年龄几何、经历多少，生活中总有一些时刻，可以毫无顾忌地尽情展现内心的柔软与甜美。在父母、伴侣和挚友面前，我们都可以化身天真可爱的小孩子。穿一条甜美的裙子，与爱人手牵手漫步街头；或是穿着牛仔背带裤蹦蹦跳跳，找回童年的快乐；和好友一起穿着卡通或怀旧风格的衣服，嬉戏打闹、开着傻傻的玩笑。

女孩风穿搭以软糯娇俏的甜美气质为核心，主打减龄效果，适合约会和日常穿着。粉嫩的色彩、可爱的细节、短小精致的版型，处处彰显青春活力，让穿着者更显年轻、富有亲和力。

本章小结

在现代社会的多元舞台上，女性自如地穿梭于各种角色之间。这种角色的切换，究其根源，是在不同场合中巧妙构建自我与他人关系的动态平衡艺术。而穿搭，无疑是这门艺术中极为关键的元素。可以说，每一种风格都是自身素养的展现，是独特的自我表达。

第 2 章　四种风格塑造攻略

每种风格都有其独特的塑造方法，掌握这些方法能让你的穿搭更加出彩。接下来，我们将从四种风格服饰的色彩、面料和穿搭技巧等方面，为你详细解析不同风格的塑造方法。

一、女王风塑造攻略

女王风的核心在于 "王" 字所蕴含的威严与气场。身着女王风服饰，不仅能向他人传递权威感与信任感，还能提升自身的自信心。

（一）女王风服饰常用色彩和面料

1. 女王风服饰常用色彩

女王风着装的色彩情绪表达更为浓烈，常用强对比色系，如黑白色的情绪张力对比，也会采用艳色加黑白色的搭配对比或艳色之间的撞色对比。色相覆盖亮红、宝蓝、黑、金、白等。利用明度与纯度的对比和变化可带来丰富的层次感，高纯度的亮色调可突显华丽与自信，暗色调则增添了庄重与威严。在 PCCS 色调图中，这些颜色大多分布于高饱和度的区域，彼此形成鲜明对比，从而展现出强烈的视觉冲击力 。

PCCS 色调图强调了色彩之间的和谐关系，并提供了一系列规则来指导如何选择和搭配颜色以达到视觉上的平衡和美感，例如互补色、对比色、黑白撞色等配色方法。具体应用可参考《一看就懂穿搭术》一书中的介绍。

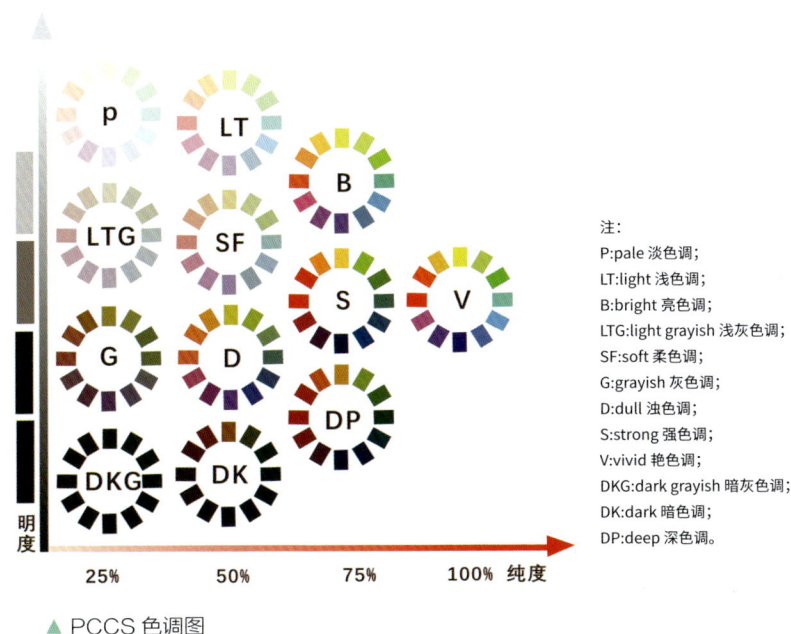

注：
P:pale 淡色调；
LT:light 浅色调；
B:bright 亮色调；
LTG:light grayish 浅灰色调；
SF:soft 柔色调；
G:grayish 灰色调；
D:dull 浊色调；
S:strong 强色调；
V:vivid 艳色调；
DKG:dark grayish 暗灰色调；
DK:dark 暗色调；
DP:deep 深色调。

▲ PCCS 色调图

2. 女王风服饰常用面料

醋酸：属于半合成纤维，光泽柔和似真丝，垂坠感出色，厚度适中、质地轻盈。这种特性使其成为制作高端成衣的优质选择，常用于制作礼服、西装等正式场合的服装，彰显穿着者的高贵气质，价格中等偏高。

皮革：挺括耐用，表面天然纹理与低调光泽独具魅力，适合制作外套、配饰，能赋予穿着者强烈的权威感。其价格因质量差异波动较大，高品质皮革制品更是身份的象征。

粗花呢：斜纹混纺的粗花呢，由羊毛或者其他纤维交织而成。面料厚实，表面细腻的颗粒肌理感，挺括的质地，使其成为制作经典套装的最佳选择，可完美诠释优雅与力量并存的服饰。

环保皮草：作为奢华面料代表，仿天然动物毛皮制成的环保皮草，柔软厚重，保暖性极佳。性价比高又能体现奢华感，是现代时尚品牌青睐的面料。

毛呢：结构感强，保温性能良好且挺括适度，是秋冬外套、大衣的热门选择，可塑造稳重又时尚的服饰风格。

真丝：透气性佳、光泽感高级。女王风宜选择重磅、垂感好的真丝，其制作的服装更显档次。

▲醋酸

▲皮革

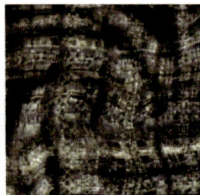
▲粗花呢

▲环保皮草

▲毛呢

▲真丝

总体来说，女王风服饰注重通过面料的厚重感、垂感、光泽度等特质，展现力量感与奢华感，凸显穿着者的风格与品位。

（二）女王风穿搭技巧

1. 穿长不穿短

人的气场与服装的长度密切相关。款式太短的服装容易给人轻浮、不稳的印象，而长款服装则能够提升穿着者的稳重感。无论高个子还是小个子，要塑造女王风的形象，衣服长度都必须到位。

不少小个子女性会担心长款服饰会显矮，实则不然，恰到好处的长款反而能在视觉上拉长身形。若顾虑长款服装显得拖沓，搭配高跟鞋便能有效化解。就像身高 151 厘米的旋旋，亲身实践验证了长款服饰能让小个子更显高挑 。

2. 穿松不穿紧

女王风追求从容大气，拒绝讨好感。宽松的服装不仅能中和骨架较小所造成的弱势气场，还能传递出一种不容忽视的力量感。

对于个子娇小的女性，搭配时可选择上紧下松的款式：上半身适度贴合，勾勒身形；下半身以宽松为主，营造层次感。如果全身都过于宽松会显得横向变宽，降低了视觉高度。

3. 穿硬不穿软

力量感、攻击性和杀伤力是女王风独有的特质，这些特性可通过服装面料来实现。面料越硬挺，越能强化气场。皮革等硬挺面料是塑造女王风的首选，重磅蚕丝等垂坠感好的面料也能增添质感。

如果自身是偏甜美的长相，当所穿衣服太过硬挺时，容易因为衣服风格与长相不符而难以契合。对于这类人群，推荐选择柔软但支数高、有垂感的面料，实现刚柔并济的和谐美。

4. 穿深不穿浅

色彩也有性格，比如婴幼儿的衣服，大都为清浅的颜色，因为浅色看起来会更加轻盈俏皮。而中老年人的服装，清浅的颜色则较少，因为感觉不稳重，没有深色大方。所以对于着重打造稳重感的女王风而言，深色更合适，可以衬托得人更有力量也更有内涵。

也许有人会问深色会不会使人显老，尤其是对于皮肤比较白的人来说。我们收集了大量的素人色彩诊断案例，确实证实了深色会让人有一定的年龄感。推荐的解决方案是在面部周围选用适合自己肤色的服装颜色，如深肤色选深色系服饰，浅肤色选浅色系服饰，其他区域仍然用与风格相匹配的服饰颜色。

女王风着装小结：女王风服饰的图案多选几何元素、抽象元素，但不拘泥于花边、波点等一些小元素的局部使用；色彩选用极具力量感的极端色系，如黑白色或艳色，少用晕染；版型大都为长款、大廓形，偏直偏硬挺，自带气场。给人的整体感觉是简约大气、成熟稳重。

二、女神风塑造攻略

提到"女神"，人们脑海中往往浮现出柔情似水、魅力四射的形象。那么，如何通过服饰完美诠释这种女人味儿呢？让我们一探究竟。

（一）女神风服饰常用色彩和面料

1. 女神风服饰常用色彩

女神风以柔和色（如莫兰迪色系）与彰显女人味的鲜艳色彩为主，辅以金、黑、白等经典中性色，构建出一种高贵而富有层次感的配色体系。纯度较高的暖色调强调了色彩的浓郁感，而明度适中的灰色调则平衡了视觉的华丽感。在 PCCS 色调图中，这些颜色集中在高纯度的暖色区域和中性灰的过渡带，具有强烈的视觉吸引力。这种配色展现了优雅与神秘的交织，为穿着者增添了一分超凡脱俗的气质。

2. 女神风服饰常用面料

真丝：细腻的光泽感与轻柔的面料质感，更能诠释女神的高级感与温柔气韵，常用于制作展现女性柔美魅力的服装。

环保皮草：柔软的皮草天生自带温柔感，与女神特质完美契合，让穿着者在展现奢华的同时，更显浪漫与风情。

丝绒：拥有细腻绒毛和柔和光泽，类麂皮质感营造出复古之美，适合制作晚宴装、秋冬外套及配饰等时尚单品。虽然耐用性略逊于纯棉和牛仔布，但其独特的磨砂质感和弹性，能给人带来温暖舒适的穿着体验。

蕾丝：以精致花纹和半透明效果营造浪漫甜美氛围，质地轻薄柔软，既适合装饰衣服细节，也可制作成整件衣服，为穿着者增添梦幻般的魅力。

雪纺：作为轻薄透明的丝绸替代品，雪纺手感柔软滑爽，有微皱的肌理感，透气性良好，是春夏季的热门面料。常被用于制作轻盈的连衣裙和披肩，赋予女性仙气飘飘的美态。

醋酸：在女神风服饰中，可选择相对偏轻的醋酸面料，制成的衣服更显柔软飘逸，突出女性的柔美特质。

▲ 真丝

▲ 环保皮草

▲ 丝绒

▲ 蕾丝

▲ 雪纺

▲ 醋酸

总体来说，女神风服饰面料通过光泽度、柔软性以及独特质感，彰显女性高贵的魅力。需要注意的是，环保皮草、蕾丝、醋酸等面料在不同风格中均有应用，在实际搭配时，需结合女神风服饰的特点综合考虑。

（二）女神风穿搭技巧

1. 穿曲不穿直

女性的曲线美是女神风穿搭的关键。相比于直线条的设计，收腰剪裁、波浪形装饰和柔和的领口设计等，这种柔美的弧度更能展现女性温婉的韵味，避免过于刚硬或中性的感觉。

对于缺乏曲线的服装可选用柔软面料，利用自然垂坠塑造曲线。例如宽松的毛衣，通过自然堆积的褶皱便能兼顾舒适性与风格的营造。

若个人五官和身形偏中性化，进行女神风打造时，可以通过增加局部曲线元素，如束腰设计或弧形裙摆，柔化整体观感。如果面部轮廓过硬，则要谨慎选择此风格，以避免形成难以调和的冲突感。

2. 穿紧不穿松

服装修身是打造女神风的精髓。偏紧或略收腰的设计，能够凸显身体曲线的玲珑美感。过于宽松的服装，容易让人显得过于随意而失去优雅韵味，特别是对于较丰满的女性，更要避免选择这种"宽松显壮"的服装。

修身并不等于全身紧贴，而是要尽量采用"局部修身"的穿搭方式，比如上半身紧身搭配下半身大摆裙，反之亦可，既能凸显曲线，又不失优雅。

对于身材有小缺陷的女性，可通过巧妙搭配服饰来调整、掩盖。例如胸小的女性可以选择带木耳边、大领结或有层次感的上衣；腰部线条不够明显的女性，可借助高支数、挺括面料的连衣裙制造腰线；臀形不够理想的女性，可利用伞裙或 A 形裙转移视线焦点，优化整体比例。

3. 穿软不穿硬

都说"女人如水"，柔软的面料是塑造女神气质的最佳助力。如雪纺、真丝、软毛呢或细腻的针织面料，都能带来温柔的视觉效果。相比之下，硬挺面料如皮革、西装面料，更容易让人显得强势而缺乏温婉的感觉。

需要注意的是，柔软的面料虽显优雅，但过度柔软可能会因与个人气质不符而显得土气。如面部棱角分明或五官线条较硬朗的女性，需搭配垂感更好的柔软面料，还可以通过卷发增加整体的层次感。同时，眼神表达也很重要，如果是偏硬朗的长相，那么调整为略带柔情的神态，则更能与女神风服饰呼应，再搭配柔美的妆容，就可赋予整个人一种温柔的气质。

4. 裙多裤要少

裙装是女性魅力的代名词。穿上裙子的那一刻，身体的姿态会不自觉变得优雅，这种由内而外散发出的气质，正是女神风的精髓所在。相比之下，裤装虽方便，但往往会让人显得硬朗。因此，要打造精致的女神风，最简单的方法便是增加裙装的运用。无论是轻盈飘逸的长裙，还是恰到好处的及膝裙，都是提升女人味儿的绝佳之选。

女神风着装小结：女神风穿搭核心在于通过服装曲线、修身设计、柔软面料和裙装的巧妙搭配，展现女性温柔魅力，让你在各种场合都能成为最耀眼的存在。

三、自在风塑造攻略

自在风的实质在于摒弃女性传统的柔美线条和妩媚特质，通过偏中性甚至粗犷的装扮，释放不拘一格的自由与洒脱，展现放松而惬意的真实自我。这种风格与优雅浪漫的女神风形成鲜明对比，是一种随性且具有个性的穿搭风格。

（一）自在风服饰常用色彩和面料

1. 自在风服饰常用色彩

自在风主打舒适、低调的自然色系，色相以深绿、深棕、海军蓝、灰褐等为核心颜色。明度整体偏低，带给人一种深沉而有质感的视觉效果。纯度适中，避免了过于鲜艳的色彩，又保持了中性的协调感。这些颜色在 PCCS 色调图中多集中于低纯度区域，具有朴实且稳定的视觉特性。这种配色强调务实与洒脱，同时也蕴藏着不拘一格的自然魅力，给人可靠且充满生机的印象。

2. 自在风服饰常用面料

天丝：作为环保型再生纤维素纤维，天丝以柔软的触感和良好的透气性著称。它兼具适度的垂坠感与弱光泽的低调高级感，适合制作日常休闲服饰，备受追求舒适生活的消费者青睐。

绒面：肌理感强又略带硬挺度，耐磨且可随意拉伸，符合自在风格的随性特质，堪称秋冬季的必备面料。

麻：天然纤维麻，纹理自然，透气性极佳，质地偏硬且有垂坠感，非常适合夏季穿着。麻质衣物环保，是追求自然生活类型人的理想选择。

纯棉：最常用的天然纤维之一，纯棉以柔软亲肤著称，细腻度、光泽度适中，吸湿性和保暖性良好，适用于各类服装。性价比高，在日常生活中极为常见。

帆布： 面料坚固耐磨，表面略显粗糙却充满质感，常用于制作户外用品和工装服饰。其质地偏厚实，颜色多样。

牛仔布： 坚固耐磨，以靛蓝为主色调，纹理明显，具有独特的粗犷质感，是制作牛仔裤和夹克的经典面料。它适合制作日常的休闲服饰，能展示穿着者随性不羁的态度，适用于多种场合。

总之，自在风服饰以自然、舒适、质感偏粗犷的面料为首选，通过面料的特性体现随性的生活方式，适合追求简单自在生活的人群。需要注意的是，丝绸、醋酸等光滑柔美的面料容易让人联想到优雅妩媚的女性气质，会削弱自在风的个性表达，在这种风格中应尽量少选用。

▲天丝　　　▲绒面　　　▲麻

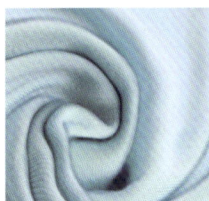  

▲纯棉　　　▲帆布　　　▲牛仔布

（二）自在风穿搭技巧

1. 穿松不穿紧

舒适是自在风的最高准则，宽松版型成为不二之选。它不仅能带来无拘无束的自由感，让人们摆脱紧身服饰的束缚，还能适配各种身材。当然，自在风并非完全拒绝修身单品，若面料具备足够弹性且舒适，比如莱卡面料的运动风紧身服装，就能在保证功能性的同时，营造出舒适又独特的风格。

2. 穿素不穿艳

在色彩搭配上，自在风钟情于低调内敛的中性色调和大地色系，像卡其、米白、深绿、海军蓝等低饱和度色彩，沉稳又自然，与张扬的大红配大绿相比，更契合自在风人群的性格特点。对于热爱自在风的女性而言，内在的充实感远比外在的形象更为重要。

3. 裤多裙要少

裤装是塑造自在风的必备单品，能充分展现穿着者随意、洒脱的气质。宽松的牛仔裤、工装裤或休闲直筒裤，既实用又能彰显个性，完美诠释无拘无束的生活理念。

自在风着装小结：自在风着装绝非松垮无序，而是借助宽松、低调且富有质感的单品，解放身体，展现超脱的个性。正因如此，它吸引了众多追求自由、崇尚舒适的女性，成为现代服装穿搭中别具一格的表达方式。

四、女孩风塑造攻略

女孩风以软糯娇俏的甜美气质为核心，主打减龄感，无论约会还是日常出行，都能轻松适配。其穿搭灵感源自人们对小女孩天真烂漫的印象，粉嫩色彩、可爱细节和短小精致的版型，无一不在彰显青春活力。

（一）女孩风服饰常用色彩和面料

1. 女孩风服饰常用色彩

女孩风服饰多采用柔和的浅色，主要包含暖粉、浅蓝、嫩绿、奶黄等明亮柔美的颜色，整体视觉效果轻快、清新。这些颜色明度较高，给人轻盈通透之感，纯度适中，避免了过于浓烈的色彩带来的视觉冲击。在 PCCS 色调图中，它们大多位于中高明度的暖色区域。这些色彩传递出的甜美天真的气息，就像春日的花瓣和清晨的霞光，让人赏心悦目。

2. 女孩风服饰常用面料

蕾丝： 轻盈温柔，能为女孩风服饰增添精致与浪漫。

网纱： 质地轻盈通透，可单层或多层使用，富有层次感和轻盈感，常用于蓬蓬裙、晚装和头饰设计，为穿着者增添俏皮可爱的气质。

雪纺： 雪纺带来的青春感觉让其在女孩风穿搭中同样备受青睐。

牛仔布： 相较于自在风，女孩风服饰选用的牛仔面料更薄、更柔软、更细腻。

纯棉： 凭借天然的舒适性和透气性，适合制作贴身衣物，如 T 恤和衬衫，给人简约自然的印象。

丝绒： 选择丝绒中更为柔软的面料，更能凸显女孩的柔美可爱气质。

总体而言，女孩风服饰面料注重甜美浪漫氛围的营造，以及对细节的雕琢，通过轻盈柔软的面料和精致装饰展现年轻活力。即便使用与其他风格相同的面料，女孩风在颜色上也会更清浅，面料更柔软。

▲蕾丝

▲网纱

▲雪纺

▲牛仔布

▲纯棉

▲丝绒

（二）女孩风穿搭技巧

1. 短款更俏皮

短款单品是女孩风的减龄利器，短上衣、短裙、短裤等能让穿着者更显活泼灵动，更具少女感。但是对于年龄稍长的女性，可采用上短下长的搭配方式，用短款上衣搭配高腰长裙或裤子，既能实现减龄效果，又能平衡整体气质，避免过度追求稚嫩而丢失优雅。

2. 颜色多嫩色

梦幻色彩是女孩风的灵魂所在，马卡龙色系、冰激凌色系等清新颜色，如淡粉、浅蓝、薄荷绿、淡紫等，最能传递少女感。这些色彩轻盈明快，能营造出温柔甜美的感觉。而深沉或艳丽的色调会破坏整体的轻盈感，偏离减龄的穿搭主旨。

3. 配饰要可爱

细节是提升穿搭可爱度的关键，即使是简单的服装，搭配可爱的配饰也能瞬间焕发生机。蝴蝶结发夹、迷你斜挎包、小巧的耳饰，以及带有可爱元素的鞋子，如圆头单鞋或小白鞋，都能为整体造型增添趣味。需要注意的是，配饰要小巧方能呈现可爱感，尺寸过大或风格过于成熟均无法达到可爱的效果。

4. 穿曲不穿直

直线条服装往往给人干练之感，而曲线设计则是提升甜美度的秘诀。娃娃领、木耳边、泡泡袖等元素，都能赋予穿着者活泼可爱的气质。

女孩风着装小结：女孩风着装通过精巧的版型设计、柔嫩的色彩搭配和俏皮的细节点缀，实现了营造减龄与可爱感的双重目标。它不仅是对外表的装饰，更是一种心态的表达，适合每一位心怀青春的女性。

本章小结

了解不同穿搭风格的搭配技巧后，就如同掌握了时尚的万能钥匙，无论面对何种场合，都能根据其特点灵活选择合适的造型。如此一来，女性在任何地方都能用穿搭诠释独特的自我，成为众人瞩目的焦点，拥抱多彩的生活。

第 3 章　四季穿搭灵感库，轻松打造专属风

穿搭不仅是衣物的组合，更是展现自我魅力的形象名片。在前文，我们探讨了不同风格的穿搭技巧，而在本章将进一步探索如何巧妙利用四季温度不同的特点，通过穿搭展现独特的个人风采。无论你是气场强大的女王、温婉动人的女神，还是追求自在活力的自己，抑或是甜美可爱的女孩，每个季节都有无尽的穿搭灵感。考虑到我国南北地区跨度大，温差明显，各位读者可根据所处地区的实际温度灵活调整衣物搭配。另外，在单品展示中会有个别重复单品出现，意在提醒大家即使不同季节、不同风格，你的衣柜中也应准备这个单品，跟其他衣物搭配使用，一衣多穿。

一、春季穿搭：邂逅轻盈生机

春季，万物复苏，清新的空气与柔和的阳光为穿搭带来了无限可能。这个季节的穿搭应以层次感和灵动感为主，既能应对早晚的温差变化，又能展现出蓬勃的活力与生机。

对于拥有女王气质的女性，可以通过挺括的西装外套、精致的腰带和经典的中性色调，体现稳重与内敛。女神风则以轻柔的薄纱裙、飘逸的雪纺衬衫为主，颜色可以选择相对明快的莫兰迪色系，彰显温暖、梦幻的氛围，让人仿佛融入春日的花丛中。如果你喜爱自在风，可以在春天尽情释放阳光与活力：宽松的工装外套、清爽的牛仔裤，搭配运动鞋，尽情展现不拘一格的个性。而女孩风则可以用色彩明媚的针织开衫搭配碎花连衣裙，将甜美与轻盈展现得淋漓尽致。

（一）春季女王风穿搭：演绎成熟优雅

1. 春季女王风单品展示

春

春

2. 春季女王风搭配展示

春

春

春

春

春

3. 春季女王风服饰搭配解析

以如下模特展示的典型女王风服饰为例，从颜色来看，整体以米色、白色、驼色等中性色和基础色为主，柔和且不失高级感，同时加入黑色、深蓝色等深色元素，通过色彩对比营造出戏剧般的张力。

版型上，采用收腰设计的西装、束腰长裙等修身设计，展现女性曲线的柔美；宽松阔腿裤与长款外套，则增添整体气场与权威感，彰显现代女性的独立与力量。灯笼袖、流线型裙摆等古典元素的融入，增添了柔和感。

面料选择上，挺括的毛呢凸显结构感，柔滑的醋酸、轻盈的丝绸和雪纺注入灵动气息，使整体风格在强大气场中不失轻松的氛围感。

皮带、金属耳饰和小巧手袋等配饰进一步丰富了层次感，提升了造型的精致度。这样的搭配在职场、社交等场合都非常适用。

春

小贴士：穿搭灵感实践指南

当你读到此处邂逅心动单品或整体搭配时，不妨实践起来，将这份美学灵感运用于个人衣橱。下面为大家介绍三种穿搭实践的方法，各个季节、各种风格均可参考。

（1）图搜同款。

利用网络购物平台的 "拍立淘" "图搜同款" 等手机 APP 功能，轻松搜索到心仪的单品或搭配。也可以自行提取 "风格关键词 + 核心元素" 进行精准检索，如 "法式刺绣衬衫 + 黑白条纹阔腿裤"，得到更精准的推荐。

（2）逆向推导。

大家可以书中展示的套装搭配为灵感，审视自己的衣物，找出与之相似的基础款或特色单品进行搭配。还可根据已有衣物进一步思考再添置些什么样的衣物，既符合个人风格又能与现有服饰完美结合不浪费。

（3）巧借饰品提升整体穿搭档次。

一套出彩的穿搭，配饰往往发挥着重要的作用。一只与整体色调协调的包，会使整个造型的时尚感瞬间得到升华；一根恰到好处的腰带，不仅能巧妙勾勒身材比例，更可凸显别具一格的审美品位；一条色彩鲜艳或图案独特的丝巾，能为基础款服饰增添亮色，瞬间成为穿搭的视觉焦点；一款精致的耳饰不仅能修饰脸型，还能展现个人气质；根据场合和个人喜好选择合适的帽子，如休闲的棒球帽或优雅的宽檐帽，同样能为整体造型注入别样风情。

从奠定风格基调的核心单品，到画龙点睛的配饰，每一处搭配细节都精雕细琢，方能打造出令人过目难忘的风格造型。

（二）春季女神风穿搭：营造浪漫氛围

1. 春季女神风单品展示

春

春

春

2. 春季女神风搭配展示

春

春

春

春

春

春

春

3. 春季女神风服饰搭配解析

以如下六套典型女神风服饰模特展示图为例，在色彩上以米白、浅灰等柔和的基础色系以及粉色、浅蓝等清新的浅淡色系为主，部分造型融入亮眼的黄色或酒红色，增加层次感与视觉吸引力。

版型多为修身或略微宽松的设计，突显优雅曲线感的同时注重舒适性。高腰线设计与裙摆的流动感使整体造型更加立体、温柔，外搭薄款针织衫、经典衬衫以及收腰设计的裙装，突出了女性柔美的轮廓线条。

面料方面，选用真丝、雪纺、针织、棉等轻薄柔软的面料，呼应春季轻盈的氛围，提升穿着舒适度。轻纱或刺绣等细节点缀，可增加浪漫氛围，彰显女神风的柔美特质，完美呈现出春日里浪漫优雅的女性形象。

春

（三）春季自在风穿搭：释放阳光活力

1. 春季自在风单品展示

春

春

春

2. 春季自在风搭配展示

春

春

春

春

春

春

春

春

3. 春季自在风服饰搭配解析

以如下典型自在风服饰模特展示图为例，在色彩上以浅蓝、米白、卡其等低饱和度色彩为主，搭配深色单品形成鲜明对比。

版型上以宽松廓形为核心，长款衬衫、宽松西装、工装背带裤与阔腿裤等单品，强调舒适感与随性气质，短裤与长裤的组合打破常规比例，注入少年感的趣味性。

面料选择偏向柔软透气的棉质、针织面料及轻质西装面料，既适应春季温度变化，又契合自在风的随性主题。

配饰方面，棒球帽与运动鞋增添少年感，草编包、乐福鞋则为造型增添自然又略带复古的气息，兼具实用性与视觉美感，适合日常逛街或轻松出游。

（四）春季女孩风穿搭：尽显甜美轻盈

1. 春季女孩风单品展示

春

春

2. 春季女孩风搭配展示

春

春

春

春

春

春

3. 春季女孩风服饰搭配解析

以如下典型女孩风服饰模特展示图为例，在色彩上以米白、淡蓝、草绿、鹅黄等柔和的浅色系为主，传递出清新自然的春日气息。

版型大多采用宽松剪裁，如泡泡袖连衣裙、针织背心搭配衬衫、A 字半裙、宽松短裤套装等，强调舒适与灵动。

面料选用棉、针织、纱等质感轻柔、透气性强的面料，增强少女感和透气性。

整体搭配注重细节点缀，单鞋配短袜增添活泼感，草帽与藤编包营造田园气息，黑色小包平衡整体色调的柔美。整体风格既适合日常通勤，又适合户外踏青或约会。

二、夏季穿搭：拥抱清爽与靓丽

夏季阳光热烈，轻薄的面料与鲜明的色彩成为穿搭的主旋律。这个季节的穿搭重点在于舒适、清爽，同时融入自身风格特点，实现美丽与实用兼具。

对于喜爱女王风的女性而言，选择剪裁利落的无袖连衣裙、极简风的阔腿裤套装，搭配简约的金属饰品，即可展现强大的气场。女神型女性则可以在夏天尽情展现柔美与浪漫，薄荷绿、天蓝色的轻纱裙，或者蕾丝点缀的礼服，都会让你的穿搭如夏日清风般沁人心脾。如果你的风格偏向自在风，夏季的穿搭可以简单而利落，如修身背心搭配工装短裤、运动风套装，强调舒适与随性。对于女孩风的女性而言，夏天则是穿搭创意大爆发的季节：荷叶边、浅粉系的短裙、娃娃领上衣、编织草帽，无一不为你的甜美气质加分。

（一）夏季女王风穿搭：展现大气从容

1. 夏季女王风单品展示

夏

2. 夏季女王风搭配展示

夏

夏

夏

夏

3. 夏季女王风服饰搭配解析

如女王风服饰模特展示图所示，整体搭配以黑、白、灰等深色系与中性色系为主，强调视觉上的稳重与高贵，搭配少量浅色调或明亮配饰形成层次对比，提升整体质感。

版型上多采用利落的垂坠廓形与延展线条，如高腰阔腿裤、收腰长裙、修身上衣等，塑造干练、修长的身姿，极具力量感与女性魅力。腰带、硬挺的西装外套、分明的肩线设计进一步突出轮廓张力，强化女王风的表达。

面料方面，选择缎面、丝质等具有光泽感或垂坠感的面料，展现优雅与独立并存的特质。

皮质配饰、简约手包与高跟鞋的选择，呼应整体风格。这样的搭配在商务场合或正式活动中都能轻松展现女性的独立气场与时尚格调，是夏季女王风的极佳诠释。

（二）夏季女神风穿搭：绽放柔美浪漫

1. 夏季女神风单品展示

夏

夏

2. 夏季女神风搭配展示

夏

夏

夏

夏

夏

夏

夏

夏

夏

3.夏季女神风服饰搭配解析

如右女神风服饰模特展示图所示，搭配整体以珍珠白、浅黄、薄荷绿等柔和浅淡的颜色为主，传递出清新与高贵的气质，色彩搭配均衡且富有层次感，彰显细腻的审美格调。

版型上，单品注重线条的流畅与优雅，裙装以高腰长裙和连衣裙为主，强调腰部线条，塑造修长身形效果。

面料多选择轻盈的雪纺、丝质面料，带有光泽感，可营造飘逸与柔美的视觉效果。细节上，部分搭配通过领口和袖口的特殊设计，如 V 领、斜肩、荷叶边，提升女性柔美气质，展现独特个人风格。

配饰方面，可以选择小巧精致的手包、高跟鞋以及简洁的耳饰，配色与服装呼应，使整体搭配统一中不乏亮点。

这类搭配干练又不失温柔，是兼具舒适与优雅的夏季女神风典范。

夏

（三）夏季自在风穿搭：追求简单利落

1.夏季自在风单品展示

夏

夏

2. 夏季自在风搭配展示

夏

夏

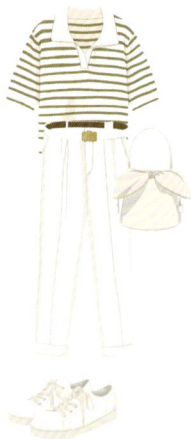

夏

夏

3. 夏季自在风服饰搭配解析

如自在风服饰模特展示图所示，整体搭配以中性色调为主，搭配少量明亮的蓝色或白色作点缀，实现低调与活力的平衡。

版型上以宽松廓形为主，高腰阔腿裤、短裤、工装裤等体现对舒适度与造型感的追求，上衣选择短款T恤、宽松衬衫、无袖背心，与下装形成比例对比，增强层次感。

面料以轻薄透气的棉、麻、薄牛仔布为主，既适合夏季穿着，又呼应自在风主题。

搭配细节上，造型简单的单肩包、帆布包和皮质腰带增加实用性与精致感，鞋子以小白鞋、乐福鞋为主，强调舒适百搭。适合日常通勤、出游或轻松愉快的场合，让人感受夏日的舒适与自由。

夏

（四）夏季女孩风穿搭：激发无穷创意

1. 夏季女孩风单品展示

夏

夏

2. 夏季女孩风搭配展示

夏

夏

夏

夏

夏

夏

3. 夏季女孩风服饰搭配解析

　　如下女孩风服饰模特展示图所示，整体搭配以粉色、蓝色、米白色等清新柔和的色系为主，辅以碎花图案、木耳边与格纹设计，增添甜美感。

　　版型上，连衣裙、背带裤、高腰直筒裤等剪裁展现女性优美身形，保持舒适与灵动感，收腰设计、多层次裙摆以及短袖搭配突出少女的轻盈感。

　　面料多选用轻薄透气的棉、纱，柔软的针织等，赋予整体搭配轻松自然的氛围。

配饰方面，小巧的斜挎包、优雅的玛丽珍鞋与简约的饰品，既实用又精致，提升整体优雅感。适合日常逛街、约会或轻松聚会的场合，既保留了青春的俏皮感，又散发出自信与从容的气质，为追求甜美与优雅兼备的女性提供了丰富的参考灵感。

三、秋季穿搭：彰显沉稳深度

秋季来临，树叶渐黄，空气清凉，为穿搭提供了更多可能。这个季节穿搭的关键是层次感，并通过色彩与面料展现女性独特魅力。

喜爱女王风的女性，可以在秋季展现深邃与成熟的气质，驼色大衣、及膝长靴、高腰长裤，搭配丝质围巾，平添气场。女神型女性在秋季可以通过温暖的针织裙、流苏外套或复古碎花裙，营造柔情与诗意的氛围。如果你偏爱自在风，那么秋季是你展现个性的好时机，皮夹克搭配牛仔裤，或者中性风风衣搭配马丁靴，让人自信又洒脱。如果喜爱女孩风，秋季则是甜美与温暖并存的季节，灯芯绒短裙、格纹衬衫以及针织开衫都能让你的穿搭在凉爽秋日散发出活泼与俏皮的气息。

（一）秋季女王风穿搭：尽显深邃成熟

1.秋季女王风单品展示

秋

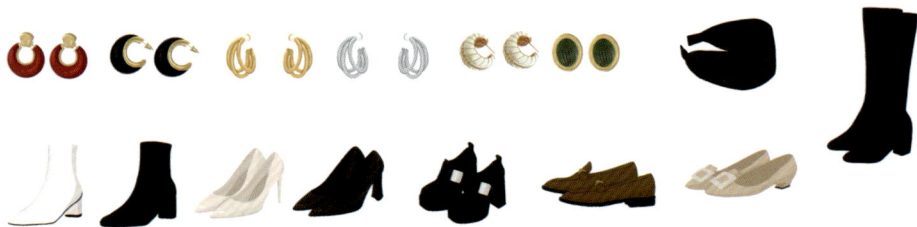

秋

2. 秋季女王风搭配展示

秋

秋

秋

秋

秋

3. 秋季女王风服饰搭配解析

参考下面这组女王风服饰模特展示图，这组搭配整体以黑色、棕色、酒红色等低饱和深色系为主，辅以米白、卡其、灰等中性色系作点缀，沉稳又高级。

版型上，垂坠感强的长款外套、深 V 领口造型、利落的西装剪裁、阔腿裤与修身高领针织衫形成鲜明对比，突出简洁流畅的线条感。

面料选择秋冬适用的厚实质感面料，如羊毛、呢料、皮革、丝绒等，不仅保暖实用，还赋予整体穿搭更多层次感与戏剧张力。

搭配上，通过宽松外套与腰部束身设计平衡身形比例，搭配精致的短靴、高跟鞋或乐福鞋增强整体造型感，使全身的颜色、量感达到平衡。中大量感的手提包与耳饰、皮带等配饰，进一步体现个性化的时尚态度。

这种穿搭适合职场或正式场合，也能在日常生活中展现自信与魅力，尽显从容大气。

秋

（二）秋季女神风穿搭：营造柔情诗意

1. 秋季女神风单品展示

秋

秋

秋

2. 秋季女神风搭配展示

秋

秋

秋

秋

秋

秋

秋

秋

秋

秋

3. 秋季女神风服饰搭配解析

参考下面的女神风服饰模特展示图，这组搭配整体偏向大地色系、奶油色系以及柔和的粉色系，偶尔点缀低饱和度的蓝色或温暖的黄色、红色，显得高级且和谐，为秋季增添温暖与柔情。

版型大多为勾勒身形的修身毛衣、连衣裙和半身裙，也有注重舒适感的宽松长外套与直筒裤，充分展现女性的多面魅力。

面料方面，以柔软的针织与光滑的丝质为主，辅以羊毛、纯棉等经典秋装面料，注入高级感与温暖质感，实用与美感兼具。

整体搭配流露出轻松自信的女性魅力，适合在职场、社交或日常场景中穿着，为秋季增添温柔与精致的韵味。

秋

（三）秋季自在风穿搭：展现舒朗个性

1. 秋季自在风单品展示

秋

2. 秋季自在风搭配展示

秋

秋

秋

秋

秋

秋

秋

秋

3. 秋季自在风服饰搭配解析

参考下面这组自在风服饰模特展示图，整体搭配以棕色、卡其色、驼色等大地色系为基调，以深红色、深蓝色等作为点缀色，营造自然且轻松的视觉效果。

宽松休闲的剪裁版型贯穿始终，连帽卫衣、条纹衬衫、宽松外套、直筒牛仔裤及阔腿裤等，既强调舒适感，又增添少年般的俏皮与活力。

面料多采用厚实的针织、棉麻、灯芯绒、牛仔等偏自然的面料，传递亲近自然的质朴感。

搭配细节如棒球帽、贝雷帽、皮质小包以及乐福鞋，使整体造型简约又出彩。这种自在风穿搭自然随性又不失层次感，适合日常通勤、校园以及户外活动时穿着，营造出松弛且充满活力的感觉，表达了对舒适生活和真实自我的追求。

（四）秋季女孩风穿搭：演绎甜美温暖

1. 秋季女孩风单品展示

秋

秋

2.秋季女孩风搭配展示

秋

秋

秋

秋

秋

秋

3. 秋季女孩风服饰搭配解析

参考下面这组女孩风服饰模特展示图，整体搭配以粉色、黄色、浅紫色、浅蓝色等柔和的马卡龙色系为主，搭配米白、驼色等经典中性色，营造温暖清新的秋日氛围。

版型上，宽松舒适与简约优雅相结合，上装多为宽松毛衣、短外套或大衣，搭配高腰裤、长裙或短裙，优化身形比例，打造活力满满又不失温柔的女性形象。

面料方面，针织、呢料、羊毛等秋冬经典面料频繁出现，提升造型质感，兼顾保暖性。

细节上，系带设计和贝雷帽、蝴蝶结包包等配饰，增添可爱与精致感。这种搭配风格适合日常通勤或周末出行，既表现出青春活泼的感觉，又展现出轻熟优雅的独特魅力，是秋季不可错过的穿搭形式。

秋

四、冬季穿搭：平衡温度与风度

冬季穿搭面临着"温度"与"风度"如何并存的考验，也是展现穿搭智慧与美感的好机会。这个季节注重厚实的面料与细节设计，通过配饰与层次的巧妙搭配，展现女性的风格魅力。

对于女王型的女性，冬天是尽显高贵与优雅的季节，深色羊毛大衣、利落的剪裁、高级的羊绒围巾，都能彰显穿着者无懈可击的气场。女神风的女性可以选择柔和的驼色大衣、温暖的针织连衣裙，搭配温润的珍珠饰品，展现低调的奢华与宁静。如果你偏爱自在风，冬季穿搭的重点就是力量感与舒适感的并存。宽松款的羽绒服、机车夹克，搭配直筒牛仔裤与厚底靴，既保暖又充满动感。女孩风的穿搭则可以通过粉嫩色系的围巾、毛茸茸的外套以及裙摆灵动的羊毛连衣裙，打造温暖又可爱的冬日形象。

（一）冬季女王风穿搭：彰显高贵优雅

1. 冬季女王风单品展示

2. 冬季女王风搭配展示

冬

冬

冬

冬

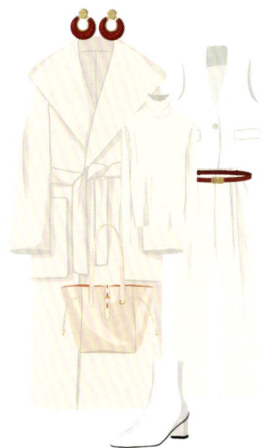

冬

3. 冬季女王风服饰搭配解析

参考下面这组冬季女王风服饰模特展示图，整体穿搭以深色和大地色系为主旋律，棕色、米色、深灰色、卡其色相互交织，宝蓝色和绿色的巧妙融入，为整个穿搭注入活力。少量白色的点缀，在低调中凸显内敛的权威感，这种配色方案完美契合冬季的氛围。

版型方面，修身与宽松版型结合。例如，宽松大衣搭配高腰裤或半裙，通过肩线的宽阔与腰线的纤细对比，塑造出强烈的力量感与迷人的曲线美，轻松彰显女王气场。长款外套作为全身造型的核心单品，其流畅的剪裁增添了整体的利落感。腰带的运用堪称点睛之笔，勾勒出纤细的腰部线条。

面料上选用了多种保暖的面料，如毛呢、羊毛、羽绒、绒面等，它们在保暖的同时兼具质感。部分搭配中融入丝质内搭或金属扣皮质腰带等光泽感材质，让整体造型精致度拉满。

鞋履和配饰以经典搭配为主。长靴与长外套的组合，是女王风的标志性搭配，延续了干练之美。手提包多采用深色简约设计，与整体造型和谐统一。

整体而言，冬季女王风穿搭通过颜色、形状与面料的综合运用，塑造出既温暖又极具气场的形象，是职场或重要场合的最佳选择。

冬

（二）冬季女神风穿搭：邂逅优雅浪漫

1. 冬季女神风单品展示

冬

2. 冬季女神风搭配展示

冬

冬

冬

冬

冬

冬

冬

冬

3. 冬季女神风服饰搭配解析

参考下面这组典型女神风服饰模特展示图，在色彩上以浅米色、裸粉色等温暖柔和的色调为基调，搭配经典黑色，在保留女性柔美感的同时，通过深浅对比凸显层次感与精致感。

版型方面，大衣、斗篷与半裙采用收腰设计或垂坠廓形，流畅的线条勾勒出女性优雅的身姿，即使在寒冷的冬季也能展露无遗。

面料选择注重高级感，毛呢、羊毛针织和柔软面料的结合，带来舒适触感与华贵感，保暖又有格调。

细节搭配上，巧妙运用腰带、短靴、精致手袋及饰品。粉色大衣、格纹外套等浪漫元素营造出温柔氛围，黑色斗篷风衣则凭借经典优雅的剪裁，彰显冷艳气质。

这组穿搭将浪漫与优雅完美融合，无论是正式场合还是日常出行，都能成为吸睛亮点，是凸显女性气质的绝佳借鉴。

冬

（三）冬季自在风穿搭：拥抱随性舒适

1. 冬季自在风单品展示

冬

冬

2. 冬季自在风搭配展示

冬

冬

冬

冬

冬

冬

冬

3. 冬季自在风服饰搭配解析

参考下面这组典型自在风服饰模特展示图，在色彩上以低饱和度的中性色为主，米白、深灰、棕色等奠定简约休闲的基调，绿色、蓝色等冷色调的点缀，增加视觉层次和活力感。

版型上，宽松的大衣、针织衫与直筒裤是主角，体现舒适感和包容性。宽松外套与修身单品的搭配，既满足冬季保暖需求，又增添俏皮印象。

面料多选用厚实的毛呢、针织与轻盈的棉，打造自然随性风格的同时，保证保暖实用。

搭配技巧上，叠穿和混搭是关键，毛衣内搭衬衫、宽松外套搭配格纹裤等组合，尽显少年感与轻松惬意。整体风格在实用的基础上，展现出不拘一格的随性美，是冬季穿搭的必备参考。

冬

（四）冬季女孩风穿搭：绽放青春活力

1. 冬季女孩风单品展示

冬

冬

2. 冬季女孩风搭配展示

冬

冬

冬

冬

冬

冬

冬

冬

3. 冬季女孩风服饰搭配解析

　　见下面女孩风服饰模特展示图，这组穿搭在色彩上以柔和的粉色、天蓝色、奶白色为主色调，搭配暖棕色、橘色等温暖色调，在冬日营造出柔美舒适的氛围。局部点缀深棕或黑色，增加整体层次感。

　　版型上，外套多为大衣或宽松的短外套，搭配修身裙装或直筒裤，既展现女性柔美特质，又保证冬季温暖。

　　服饰细节上，高腰设计和宽松版型的袖子增添复古少女感，格纹元素与酒红色外套搭配，营造浓厚英伦复古气息。

　　面料以毛呢、针织、绒面等面料为主，翻毛皮靴、羊绒围巾、毛绒装饰手袋等单品，从细节处透出少女的甜美与优雅。

　　整体搭配突出优雅与青春并存的特点，适合日常出行和冬日约会，是实用性与美感兼具的穿搭范本。

冬

冬

本章小结

　　每个季节都是女性展现自我的舞台，穿搭不仅能帮助我们应对季节变化，更是自身风格与气质的外在体现。希望大家都能从本章这些服饰单品和整体搭配造型中获得灵感，打造出属于自己的独特风格。接下来，让我们继续探索妆容、发型的打造技巧，进一步提升整体造型的魅力。

Part 2

第二部分

**整体形象塑造，
巧借视错觉扬长避短**

<table>
<tr><td>第 4 章</td><td>破解四种风格妆容与发型，
绽放独特吸引力</td></tr>
</table>

在美妆和发型设计中，不同风格的妆容与发型能展现出各异的魅力。接下来，我们先明确通用的化妆基础步骤，它是打造各种风格妆容的基石，之后再深入探讨四种风格鲜明的妆容与发型的塑造要点和注意事项。大家也可依据自身实际情况，灵活调整化妆步骤。

第一步，前期准备：若有修眉或贴双眼皮贴的需求，应在所有化妆步骤开始前进行。

第二步，妆前护肤：化妆前的护肤，要避开油脂含量高的精华液等产品，防止粉底出现斑驳现象。建议保留基础的水—乳—防晒霜的护肤流程。

第三步，底妆打造：先涂抹粉底，并针对面状、线状和点状瑕疵进行遮瑕；接着根据脸型进行立体打底，对高光和修容区域进行修饰；最后完成定妆。

第四步，眼妆雕琢：依次进行眉毛、眼影、眼线的描绘，处理睫毛，同时别忘记眼部遮瑕和定妆。

第五步，色彩搭配：选择与眼影相呼应的颊彩（腮红）和唇彩（口红），让面部色彩和谐统一。

第六步，发型打理：完成妆容后，根据整体风格打造适配的发型。

下面具体介绍四种风格妆容和发型塑造的要点与注意事项。

一、女王风妆容与发型打造

女王风妆容与发型打造的核心在于塑造强大且令人瞩目的气场，注重五官立体感和整体的干净利落，让力量与优雅完美融合。眉毛以浓密且富有毛流感的野生眉为主，整体面部修容和高光着重雕刻棱角，唇妆打造浓烈的红唇，是提升气场的点睛之笔；发型应避免蓬松凌乱，以简约利落为主，呈现出一丝不苟的特性。这样的妆造，无论是在正式场合还是日常生活中，都能轻松彰显强大自信的女王风范。

（一）女王风妆容打造

1. 女王风眉毛

眉毛颜色推荐深色系，如黑色或灰黑色。打造浓密整齐且富有毛流感的野生眉，眉峰微挑，尽显冷艳距离感和强大气场。不过，眉形、颜色和浓淡的选择，除了考虑风格，还需结合模特的脸型、发色以及期望的妆效等因素。本书是在标准眉形、通用妆造效果下，重点探讨妆造对风格的影响，下文对眼妆、修容与高光、唇妆等妆效的探讨均如此，不再赘述。

2. 女王风眼妆

女王风眼妆应着重刻画眼部轮廓，推荐选用低调的大地色系眼影，营造深邃有神的效果。眼线使用黑色内眼线，沿睫毛根部勾勒，眼尾适当延长，增添锐利感。

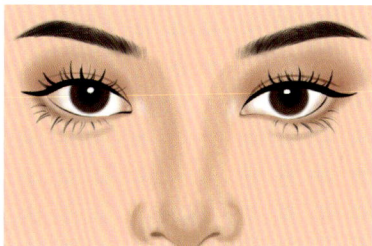

3. 女王风修容与高光

对女王风而言，修容和高光是关键环节。在颧骨下方、发际线等位置使用修容粉增加暗影，让面部轮廓更立体；在鼻梁、颧骨、额头、下巴等部位添加高光，提升五官精致度。

暗影修容区域：

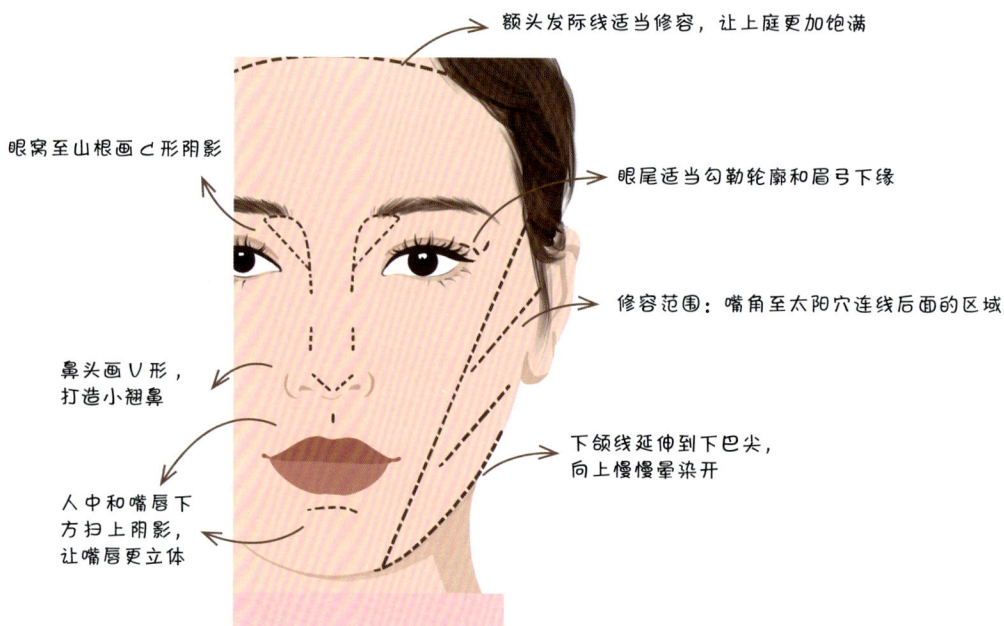

额头发际线适当修容，让上庭更加饱满

眼窝至山根画C形阴影

眼尾适当勾勒轮廓和眉弓下缘

修容范围：嘴角至太阳穴连线后面的区域

鼻头画∪形，打造小翘鼻

人中和嘴唇下方扫上阴影，让嘴唇更立体

下颌线延伸到下巴尖，向上慢慢晕染开

暗影修容区域要注意，暗影整体推荐的打法朝向均是由面部外侧向内打，即由发际线、耳侧、下巴、脖颈处向面部中心拍打，这样过渡更加自然、立体。

高光修容区域：

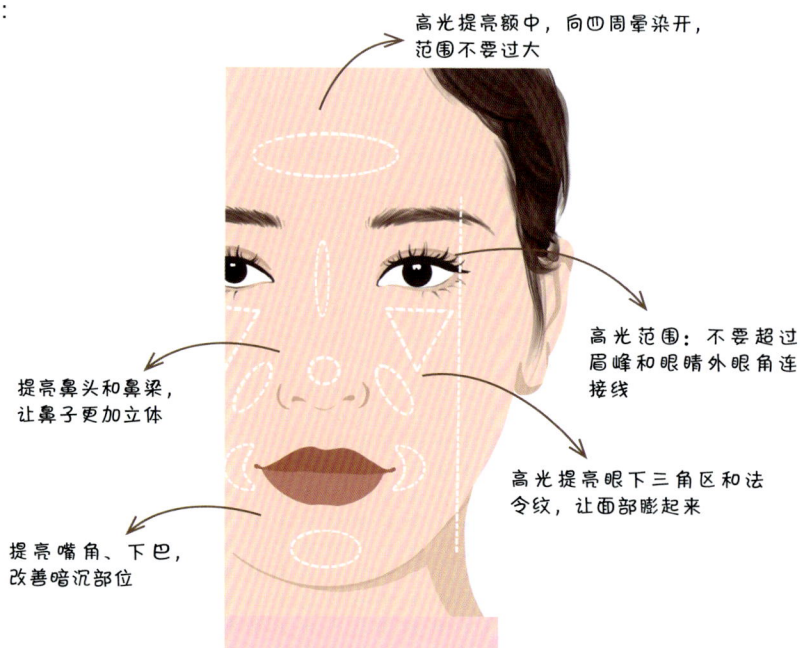

高光提亮额中，向四周晕染开，范围不要过大

提亮鼻头和鼻梁，让鼻子更加立体

高光范围：不要超过眉峰和眼睛外眼角连接线

高光提亮眼下三角区和法令纹，让面部膨起来

提亮嘴角、下巴，改善暗沉部位

4. 女王风唇妆

红唇是女王风妆容的灵魂。用唇刷勾勒唇形并填充，再叠加一层饱满唇釉，呈现干净利落的效果，彰显优雅与霸气。

5. 女王风整体妆感

通过以上几点，打造出强大自信的女王妆效，与普通妆容对比，气场提升显著。

6. 女王风化妆品推荐

下图为女王风常用的化妆品推荐，大家可根据自己的肤色、发色、唇色和日常喜欢的化妆步骤、想要的妆面效果，选择对应的品类，其他三种风格亦同。

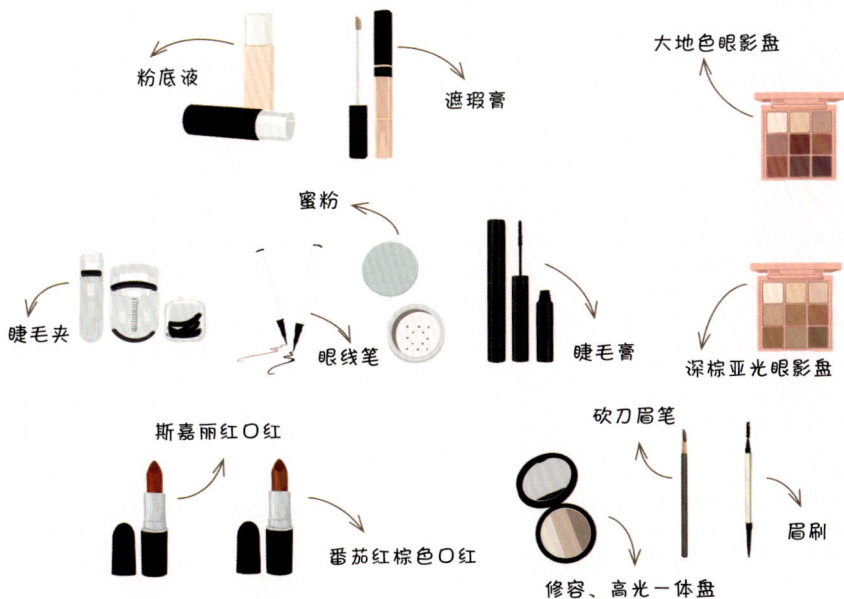

注：左图为基本图，右图为女王风妆容强化后的效果图。

粉底液

遮瑕膏

大地色眼影盘

蜜粉

睫毛夹

眼线笔

睫毛膏

深棕亚光眼影盘

斯嘉丽红口红

番茄红棕色口红

砍刀眉笔

修容、高光一体盘

眉刷

（二）女王风发型打造

女王风发型追求高度整洁，避免碎发和多余装饰。中长发女性可选择干练的高马尾、低马尾或简洁大背头；短发女性可尝试利落的波波头，展现独立与权威感。

二、女神风妆容与发型打造

女神风旨在营造脱俗、优雅的氛围感，清透底妆、低饱和度柔和色彩搭配是关键，再加上蓬松自然的发型，温柔又迷人。是约会、聚会或文艺感满满的场合的首选妆容。

（一）女神风妆容打造

1. 女神风底妆

清透自然的奶油肌是打造女神风妆容的第一步。打造清透自然的奶油肌，可选择水润型粉底液均匀肤色，搭配提亮产品，让肌肤看起来细腻无瑕。

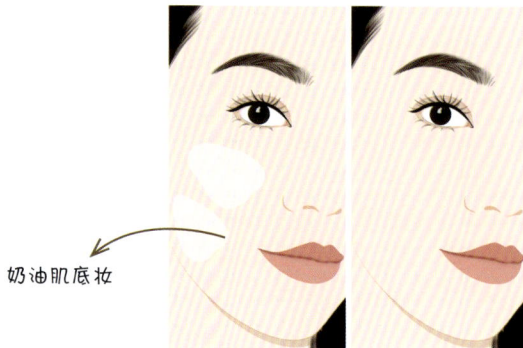

奶油肌底妆

2. 女神风眉毛

眉毛要有毛绒感，眉形略微偏直，颜色比发色浅一个色号，边缘模糊，使面部轮廓更加柔和（如下右图）。

3. 女神风眼妆

以裸色为基调，融入粉橘调，让妆容更显自然温柔。注重睫毛根根分明且纤长，用高光笔提亮卧蚕，增添眼神的灵动感，眼线和睫毛膏可选棕色系。

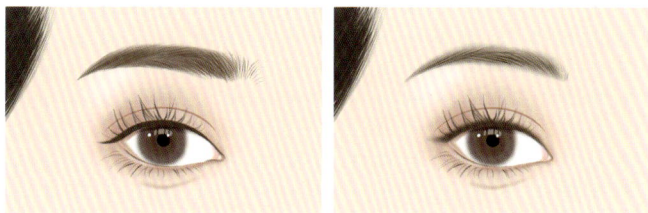

注：左图为基本图，右图为眉毛、眼妆调整后的效果图。

4. 女神风腮红

腮红的位置和颜色至关重要。打在面中和鼻头，能提升气色并带出俏皮感，推荐杏色、淡粉色等清浅有膨胀感的颜色，使面部看起来更加饱满。

5. 女神风唇妆

唇妆多采用自然晕染画法，用手指或棉签在唇部边缘轻轻晕开，打造里深外浅的渐变效果。唇色以柔粉或裸色为主，自然又高级。

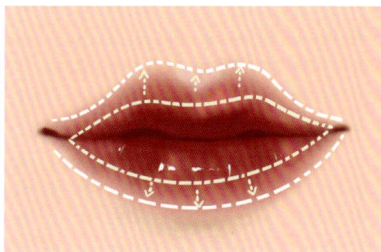

6. 女神风整体妆感

整体妆容使人呈现出轻盈、优雅的气质，充满温柔的吸引力。

7. 女神风化妆品推荐

粉底液

遮瑕膏

睫毛膏

蜜粉

睫毛夹

眼线笔

焦糖茶杏色口红

乌梅豆沙色口红

牛奶蜜桃粉腮红

浅灰色眉笔

低保和胭粉眼影盘

茶褐色眉笔

（二）女神风发型打造

女神风更适合长发，发型注重蓬松感和自然感，经典的大波浪卷发，或是微卷的披肩发、低马尾，搭配空气刘海或慵懒感刘海，随性又优雅。短发女性可根据脸型，着重打造发型的柔和走向和蓬松卷曲度。

三、自在风妆容与发型打造

自在风追求干净利落的英气感，妆容应清新自然，既突出五官的立体感，又保持妆面清爽，呈现裸妆效果。这一风格更适合喜欢简单随性、充满力量感的女性。发型则以短发为主，展现出中性美的洒脱与干练。

（一）自在风妆容打造

1. 自在风底妆

打造无瑕的亚光底妆是关键，用轻薄粉底调和肤色后，用散粉轻扫全脸，展现自然健康的皮肤状态。

2. 自在风眉毛

眉毛强调自然野生感，若眉毛条件好可不画，适当修剪碎毛即可；若眉毛较淡，顺着生长方向画出根根分明的线条，眉峰微挑，增强英气。

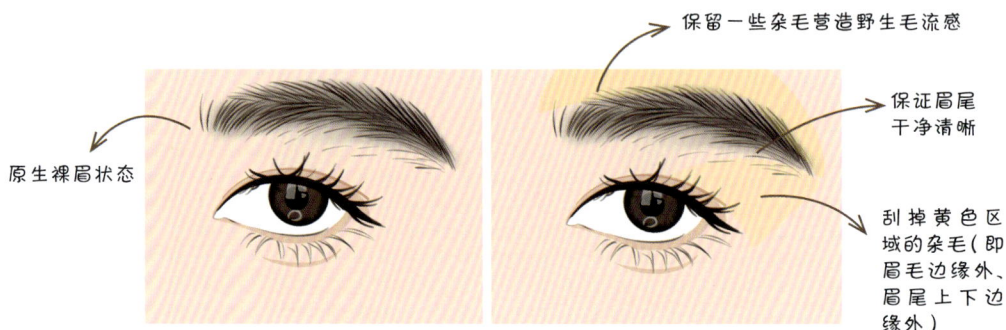

保留一些杂毛营造野生毛流感

保证眉尾
干净清晰

原生裸眉状态

刮掉黄色区
域的杂毛（即
眉毛边缘外、
眉尾上下边
缘外）

3. 自在风眼妆

眼妆以大地色为主，可用深棕色眼影加深眼窝轮廓，搭配黑色内眼线增强深邃感。也可选择不化眼妆，整体以简洁为主。

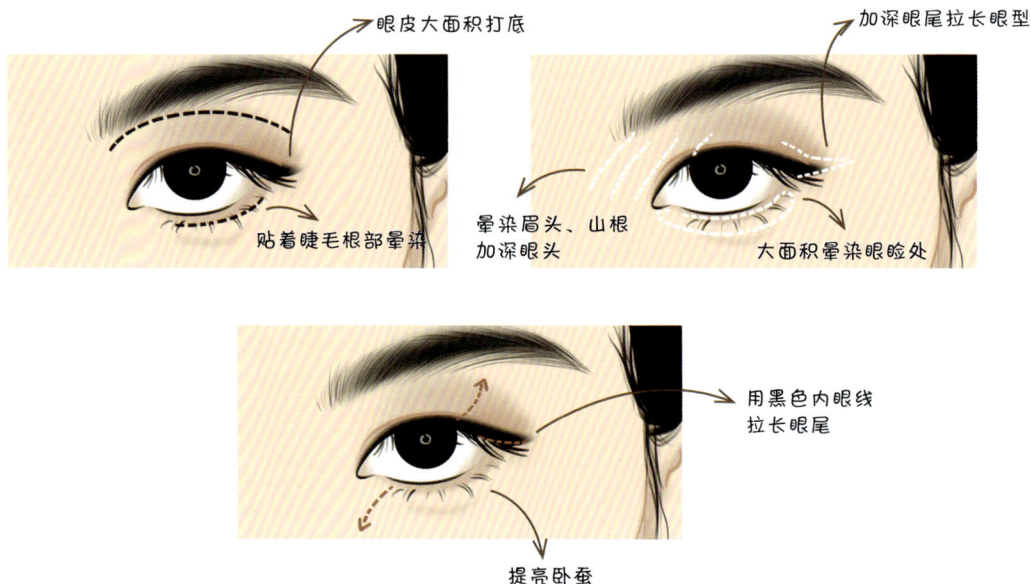

眼皮大面积打底

加深眼尾拉长眼型

贴着睫毛根部晕染

晕染眉头、山根
加深眼头

大面积晕染眼睑处

用黑色内眼线
拉长眼尾

提亮卧蚕

4. 自在风修容

　　自在风的妆容也需要适当的修容，修容的作用在于增强五官的立体度，可以在额头两边、颧骨下方、鼻翼两侧以及下颌线处使用暗影粉，打造自然的轮廓感。

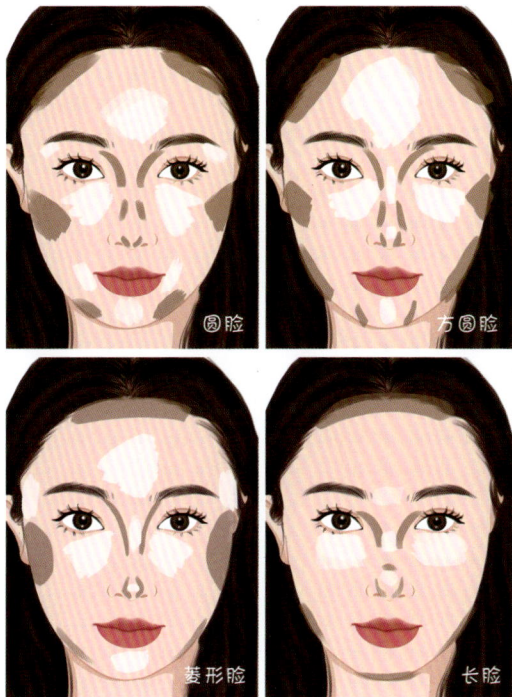

圆脸　方圆脸

菱形脸　长脸

5. 自在风唇妆

　　保留自然唇形，不勾勒唇边。口红选择裸色或豆沙色，既提升气色又不会使妆面显得厚重。

6. 自在风整体妆感

妆容干净清爽，尽显随性与力量感。

7. 自在风化妆品推荐

粉底液

遮瑕膏

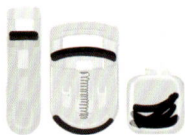
睫毛夹

眼线笔

蜜粉

睫毛膏

灰棕色眉笔

燕麦色眼影盘

纯正奶杏色口红

修容、高光一体盘

玫瑰土棕色口红

（二）自在风发型打造

自在风发型多为层次感丰富的短发，如干练的波波头或整齐的中性风短发；留长发的女性也可扎马尾，确保发型简洁清爽，与妆容相呼应。

四、女孩风妆容与发型打造

女孩风突出青春减龄感，是甜美与活力的象征，粉嫩妆容、大眼睛、灵动卧蚕、元气腮红和嘟嘟唇是重点。搭配蓬松的微卷发或少女感满满的编发这类公主发型，可展现出一种未经世事的纯真与稚嫩感。无论是日常生活还是度假出游，这样的妆发都能让人眼前一亮。

（一）女孩风妆容打造

1. 女孩风眉毛

眉色应偏浅，眉形柔和，打造自然天真的感觉（如下右图）。

2. 女孩风眼妆

眼妆要有粉调，这是少女风妆容的标志性元素，搭配根根分明的睫毛瞬间放大双眼。还有非常重要的一点就是营造天生般的卧蚕，可以使用高光轻轻点亮卧蚕，增强眼部的灵动感，使整个妆面呈现出俏皮又可爱的氛围。

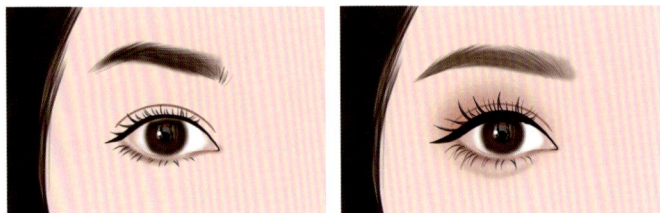

注：左图为基本图，右图为眉毛、眼妆调整后的效果图。

3. 女孩风修容和腮红

女孩风的妆容是不会过分修容的。腮红是妆容的元气所在，扫在苹果肌、鼻头和下巴处，能让面部看起来更加柔和。颜色以杏色、淡粉色这些清浅有膨胀感的色调为主，可有效提升面部饱满度。

4. 女孩风唇妆

唇妆方面，水润感是关键。可将唇釉轻轻涂抹于唇部，边缘无需勾画得过于整齐，着重打造饱满嘟嘟唇的效果。"有形无边，水润饱满"才是女孩风唇妆的真谛。具体步骤如下。

第一步：唇部遮瑕打底

第二步：在唇中涂一层

第三步：在下唇处晕染开

第四步：上唇画小M形

第五步：在上唇处晕染开

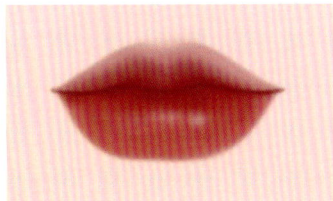

第六步：唇峰处晕染一点，视觉上缩短人中

5. 女孩风整体妆感

整体妆容充满青春活力，尽显纯真稚嫩。

6. 女孩风化妆品推荐

睫毛夹

眼线笔

蜜粉

睫毛膏

亮白色粉底液

杏粉色腮红

蜜桃色眼影盘

焦糖银杏腮红

炫色蔷薇口红

赤黄昏口红

（二）女孩风发型打造

发型以蓬松微卷为主，编发是这一风格的亮点之一，麻花辫、双丸子头或半扎发搭配空气刘海都是不错的选择。整体造型甜美可人，洋溢着青春气息。

本章小结

这四种风格的妆容与发型，是不同美学风格的体现，也是女性内在气质和个性的外在展现。根据不同场合选择合适的妆发，并与穿搭相匹配，能让整体造型更加出彩，充分展现多样魅力与自信风采。

第5章 巧用视错觉，解锁十种穿搭障眼法

前面介绍了不同风格服饰的穿搭技巧，也讲述了如何将妆容、发型与穿搭完美结合，打造出和谐统一的整体造型。然而，并非每个人都拥有完美身材，如何借助着装来优化身材比例、弥补身材短板呢？这就需要我们从科学领域寻找灵感 —— 运用视错觉原理，将每一件衣物都转化为美化自身的得力工具。

视错觉原理源于人们对心理学和视觉感知领域的深入研究，经过巧妙借用，成为日常穿搭中极为实用的技巧。接下来，让我们一同揭开十种经典视错觉原理在服装搭配中的神奇妙用，这不仅是对美学的全新探索，更是科学与时尚完美融合的智慧体现。

一、运用视错觉，塑造高挑纤瘦身形

通过以下五种视错觉原理，可以帮助我们在穿搭中巧妙塑造高挑与纤瘦的身形。

（一）光渗错觉：深浅搭配的显瘦秘籍

1. 光渗错觉原理

光渗错觉是一种因明暗对比而产生的视觉现象，在深色背景的衬托下，白色或浅色物体看起来会更大；反之，深色物体在浅色背景中则显得更小。例如，观察下图中两个相同大小的方形 A 和 B，由于背景颜色的差异，B 看起来会更窄。

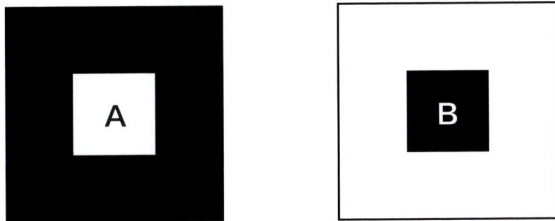

2. 穿搭应用

把深色和浅色在视觉上的这种扩张与收缩特性运用于服装搭配上，能够影响人们对身材胖瘦的判断。如果想要显瘦，可以选择深色内搭，如黑色打底衫，搭配浅色外套，能在视觉上压缩身形，让整个人看起来更苗条。而对于过于纤瘦的人，则反其道而行之，选择浅色内搭和深色外套，能够增加视觉上的体积感。

（二）缪勒·莱尔错觉：V 形设计的显瘦、显高魔法

1. 缪勒·莱尔错觉原理

1889 年，德国心理学家缪勒·莱尔提出了这一理论，即通过改变箭头方向，使长度相同的线段在视觉上产生不同的长度感。当箭头开口朝外时，线段看起来更长；箭头开口朝内时，线段则显得更短。如下图中 A、B、C 三条等长的线段，B 看起来最长，A 看起来最短。

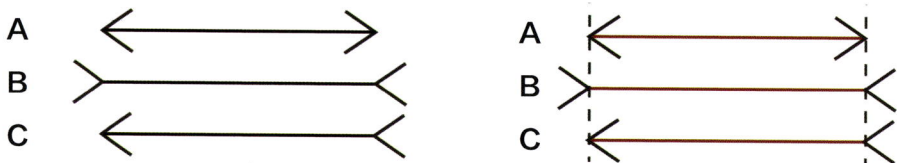

2. 穿搭应用

在穿搭中，∨ 形设计能够达到显瘦、显高的效果。上半身采用深 ∨ 领口、佩戴 ∨ 形项链或者通过叠穿营造出 ∨ 形线条，能够拉长颈部和上半身比例，让身材显得更加苗条。下半身选择开衩裙、鱼尾裙或伞裙下摆等 ∨ 形设计，能够在下半身营造出向内收束的视觉效果，有效修饰腿部线条，让腰部看起来更细，腿部显得更长。

（三）艾宾浩斯错觉：打造小脸、细腰的穿搭技巧

1. 艾宾浩斯错觉原理

德国心理学家赫尔曼·艾宾浩斯提出的这种大小感知错觉，两个大小相同的圆，一个被更大的圆环绕，另一个被更小的圆环绕，结果是被大圆包围的圆看起来更小，被小圆包围的圆看起来更大。比如下图中的圆 A 和圆 B，实际大小相同，但圆 B 看起来更大。

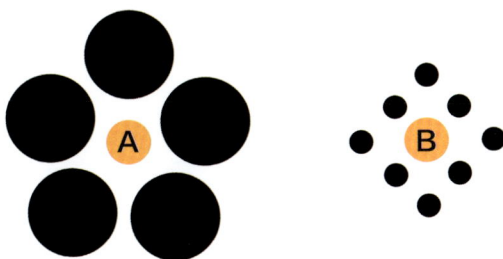

2. 穿搭应用

在穿搭中运用这一原理，能够打造出显瘦和显脸小的效果。如想要显脸小，可以在头部周围搭配视觉上更大的元素，如宽檐帽、宽大的领子、蓬松的发型或者大框眼镜，通过对比让脸部显得更加娇小。而穿着高腰线连衣裙搭配宽大的裙摆，或者选择宽松的阔腿裤，能够利用对比凸显腰部的纤细，让双腿看起来更加修长。

（四）菲克错觉：纵向连贯的显高法则

1. 菲克错觉原理

这一原理描述了人们在判断横纵长度时存在的视觉差异。对于长度相等的线条或体块，人们往往会觉得竖向的比横向的看起来更长。如右图中的 A 和 B 两个线条及体块，实际长度相等，但视觉上会感觉 A 更长。

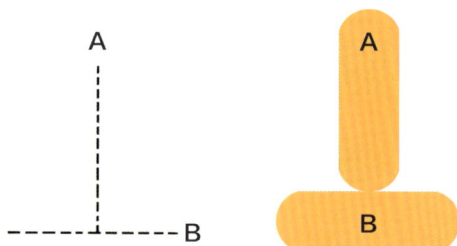

2. 穿搭应用

在穿搭中，可以运用同色系穿搭法，选择上下装颜色一致的服装，这样能够拉长视觉线条，使整体身形显得更高挑。同时，要避免上下装颜色对比过于强烈，以及腰部、脚踝等位置出现分割线，保证整体视觉的流畅感。敞开外套扣子，露出内部的纵向线条，也能有效达到显高的目的。

（五）认知负荷理论：避免膨胀感的穿搭要点

1. 认知负荷理论

当视觉信息过于复杂时，会增加大脑的认知负荷，导致观者在感知物体大小时出现偏差。如复杂的图案设计会吸引更多注意力，干扰对物体实际边界的判断，从而产生视觉上的膨胀感，使物体看起来更大（另有翻译为奥培尔－库恩特视觉错觉，以及格式塔心理学中的接近性原则和相似性原则等也可以用来解释为什么复杂的图案会导致视觉上的膨胀感，在这里不赘述）。例如下图中 AB 和 BC 两段等长的距离，因视觉干扰会让人觉得BC之间的距离更长。

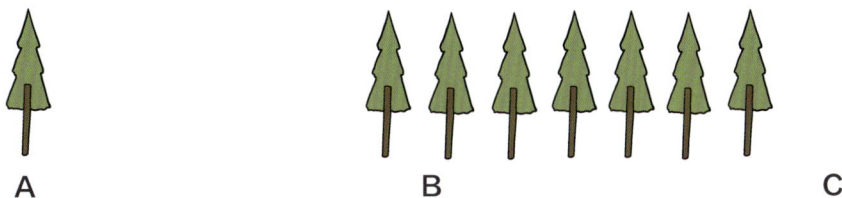

A　　　　　　　　**B**　　　　　　　　**C**

2. 穿搭应用

如果想要营造显高、显瘦的视觉效果，应避免大面积的复杂图案，以免增加视觉重量感。可以选用小而精致的修饰图案，突出身材曲线的美感。

二、借助视错觉，妙用衣物显美隐瑕

除了显高、显瘦，视错觉也可以帮助我们转移视觉中心、增加对比等，让我们可以更好地对身材扬长避短。

（一）赫尔姆霍兹错觉：条纹选择的学问

1. 赫尔姆霍兹错觉原理

赫尔姆霍兹错觉，又称亥姆霍兹正方形错觉，它揭示了不同宽度的条纹对视觉的影响。观察下面左右两组条纹，虽然实际上都是正方形，但右边的图形看起来更宽。

2. 穿搭应用

当衣服条纹比较密集且粗细一致时，横条纹比竖条纹更具显瘦效果，能使人看起来更为纤细。但需注意，横条纹服装中若条纹宽度超过 3 厘米，便会开始产生膨胀感，且条纹越宽膨胀感越明显。不过需要提醒的是，这些视觉效果在本书二维平面图中会受到一定影响，在实际生活中，大家要结合自身特点，灵活选用不同宽窄、横竖、间距的条纹服饰，以达到更好的修饰效果。

（二）咖啡店错觉：让胸部看起来更加丰满的穿搭秘诀

1. 咖啡店错觉原理

咖啡店错觉的核心是通过中心对比，使某一部分显得更加突出。这种视觉原理常见于螺旋形或菱格纹图案中，能够突出中心的膨胀感。比如观察右图，会感觉中心更加突出，而实际上它们在同一平面上。

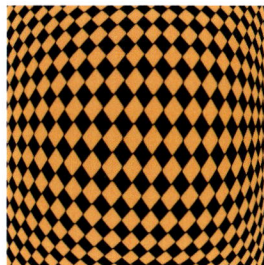

2. 穿搭应用

如果想让胸部显得更加饱满，可以选择胸前带有螺纹、褶皱、菱格纹或复杂装饰的服饰。但对于胸部过于丰满的人，应尽量避免繁复的装饰，选择简洁设计和平滑材质的服装，以弱化视觉扩张效果。

（三）鲁宾花瓶错觉：利用对比和镂空设计优化身形

1. 鲁宾花瓶错觉原理

鲁宾花瓶错觉是一种图形背景互换的视觉现象。在同一图形中，由于观察者对颜色深浅对比的关注点不同，看到的形状也会不同。比如右图中的图案，有人第一眼看到的是两张对视的人脸，而有人看到的则是浅色的类似花瓶的形状。无论看到的是花瓶还是人脸，视觉上均不会第一时间聚焦于完整的正方形，从而实现显瘦的穿搭效果。

2. 穿搭应用

在穿搭中，可以利用这一原理，通过在服装两侧增加暗色阴影设计，如深色拼接，收到显瘦的效果。在腰部、锁骨区等部位加入镂空设计，能够借助视觉凹陷感优化身形曲线，达到修饰身材的目的。

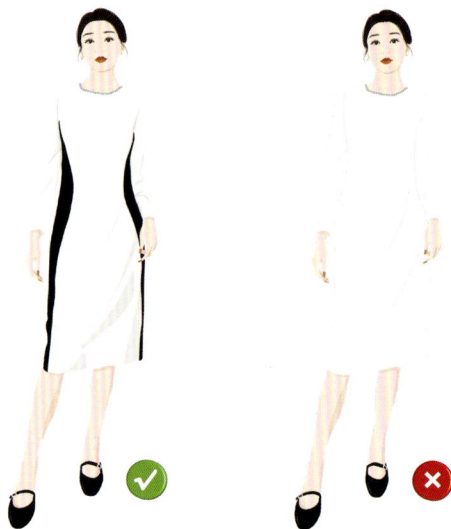

（四）蓬佐错觉：伞裙与风衣的巧妙运用

1. 蓬佐错觉原理

蓬佐错觉又称铁轨错觉，它利用上下线条的远近变化，使较远的线条看起来更长。如右图中的 A、B 两条线段，实际长度相同，但视觉上会感觉 A 更长。

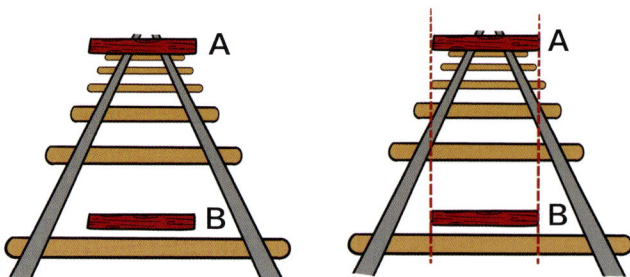

2. 穿搭应用

在穿搭中，伞裙、A 字裙或宽摆风衣的 "上窄下宽" 设计，能够收束腰部，弱化胯宽或腿粗的缺陷，同时延长下半身线条，让腰显得更细，腿显得更长。

（五）凯尼泽错觉：露出纤细部位更显瘦

1. 凯尼泽错觉原理

凯尼泽视错觉是由意大利心理学家加纳·凯尼泽在 20 世纪 50 年代首次提出的。这种错觉展示了人类视觉系统能够自动填补缺失的信息来构建完整的形状和边界的能力。比如观察右边的图案，会看到一个若隐若现的五角形，这是大脑通过脑补形成的。

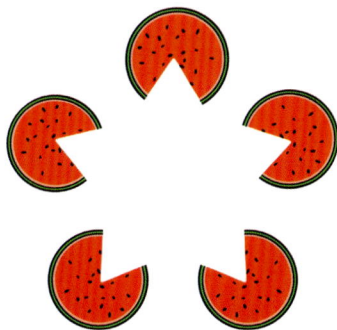

2. 穿搭应用

在实际穿搭中，无论裤子还是裙子，都可以有效遮挡住身体最胖的部位，露出最细的部位。即便身材偏胖，手腕、脚踝、锁骨、脖子等部位通常也比较纤细，在穿搭中多露出这些部位，利用视觉脑补的效果，会让人看起来更瘦。

本章小结

视错觉不仅仅是心理学中的有趣现象，更是穿搭艺术中隐藏的宝藏。熟练掌握并巧妙运用这些视错觉原理，能够让我们的穿搭更具层次感和修饰效果。通过这些 "障眼法"，不仅可以优化身材比例，还能展现出高级的时尚品位。在挑选服饰时，不妨尝试运用这些技巧，让每一次亮相都成为一场令人惊艳的视觉盛宴。